科学のアルバム

キツツキの森

右高英臣

あかね書房

もくじ

構成●山下宜信
指導協力●有澤　浩
イラスト●森上義孝
石附　誠
むかいながまさ
渡辺洋二
林　四郎
装丁●画　工　舎

科学のアルバム

キツツキの森

右高英臣（みぎたか ひでおみ）

一九四三年、岐阜《ぎふ》県多治見《たじみ》市に生まれる。

日本大学芸術《げいじゅつ》学部写真学科を卒業。その後、報道《ほうどう》写真家木村恵一、熊切圭介の両氏《りょうし》に師事《しじ》。

現在《げんざい》、フリーの写真家として〃人間と自然《しぜん》との調和〃をテーマに、自然界の山ふところで撮影中《さつえいちゅう》。

その詩情豊《しじょうゆた》かな作品は、多くの人びとの感動をよび起こしている。

おもな著書《ちょしょ》に「森のキタキツネ」（あかね書房）がある。

キツツキは、くちばしで木《き》にあなをほり、中《なか》にいる昆虫《こんちゅう》をとりだして食《た》べます。幹《みき》にあけたあなの中《なか》で、ひなを育《そだ》てます。

●ひなにえさをあたえるクマゲラのおす親《おや》。

北海道《ほっかいどう》にすむアカゲラやコゲラは、正確《せいかく》にはエゾアカゲラ、エゾコゲラといいます。本州《ほんしゅう》のものよりもやや大《おお》きく、もようが少《すこ》しちがいますが、この本《ほん》では、アカゲラ、コゲラとしてあつかっています。

4月《がつ》，まだ雪《ゆき》の多《おお》い十勝岳《とかちだけ》の原生林《げんせいりん》の上空《じょうくう》をとぶクマゲラ。

北国《きたぐに》の森《もり》に生《い》きるキツツキたち

北海道《ほっかいどう》の中央部《ちゅうおうぶ》には、標高《ひょうこう》二千《せん》メートルをこす山《やま》やまがつらなり、すそ野《の》には、針葉樹《しんようじゅ》や広葉樹《こうようじゅ》のまじりあった原生林《げんせいりん》が広《ひろ》がっています。

バシーン、バシーン。

ま冬《ふゆ》の森《もり》は、氷点下《ひょうてんか》三十度《ど》以下《いか》の日《ひ》がつづき、木《き》の中《なか》の水分《すいぶん》までこおりつき、幹《みき》がわれることもあります。

日本《にっぽん》でもっとも寒《さむ》いこの地方《ちほう》の森《もり》にも、一年中《ねんじゅう》すみついているキツツキたちがいます。※大型《おおがた》のクマゲラ、中型《ちゅうがた》のアカゲラやオオアカゲラ、ヤマゲラ、小型《こがた》のコゲラたちです。

※キツツキの大《おお》きさについては、43ページを参照《さんしょう》。

↑雪《ゆき》をかぶったかれ枝《えだ》をつつき，えさをさがすヤマゲラ。

←かれ木《き》にとまってえさをさがすアカゲラ。冬《ふゆ》の間《あいだ》，キツツキたちは森中《もりじゅう》のかれ木《き》をおとずれ，くちばしで木《き》をほじくって，昆虫《こんちゅう》の卵《たまご》や幼虫《ようちゅう》を食《た》べます。

↓古《ふる》い切《き》り株《かぶ》でえさをさがすクマゲラのめす。

⬆シラカンバの枝《えだ》にとまり，小《ちい》さな声《こえ》で鳴《な》きあうクマゲラのおすとめす。

⬆見通《みとお》しのよい高《たか》い木《き》にとまり，鳴《な》き声《ごえ》でなわばりをせんげんするクマゲラのおす。

結婚《けっこん》の季節《きせつ》

三月《がつ》、木《き》の枝《えだ》につもっていた雪《ゆき》から、つららが下《さ》がり、雪《ゆき》がとけはじめます。

ドドドドド……。

キュイーン、キュイーン、キュイーン。

森《もり》のおくから、クマゲラのおすとめすが、くちばしでかれ木《き》をたたきあう音《おと》や、のどをふるわせて鳴《な》きあう声《こえ》がきこえてきます。

冬《ふゆ》の間《あいだ》、別《べつ》べつにくらしていたクマゲラのおすとめすは、三月下旬《がつげじゅん》ごろから、つがいをつくり、広《ひろ》いなわばり内《ない》でいっしょにくらしはじめます。クマゲラは、毎年《まいとし》同《おな》じおすとめすがつがいになります。

⬆森《もり》の上空《じょうくう》をとぶクマゲラ。3月《がつ》ごろから，クマゲラのおすは森《もり》をとびまわり，はんしょくの場所《ばしょ》であるなわばりをまもります。クマゲラのなかには，10平方《へいほう》キロメートルもあるなわばりをもつものもいます。

↑上《うえ》，地面《じめん》におちた巣《す》あなほりのときの木《き》くず。巣作《すづく》りの木《き》を中心《ちゅうしん》に，半径《はんけい》10メートルぐらいの範囲《はんい》にちっています。←左《ひだり》，木《き》くずを巣《す》からすてるクマゲラのおす。巣《す》は，地上《ちじょう》からの高《たか》さ10メートルぐらいの所《ところ》につくります。巣《す》の底《そこ》には，細《こま》かい木《き》くずをほんの少《すこ》ししくだけで，外《そと》からはなにも運《はこ》びこみません。

巣作《すづく》り

コツコツ、コンコン、コツコツ……。

四月《がつ》の森《もり》に、木《き》をつつく音《おと》が休《やす》みなくひびきわたります。クマゲラが生木《なまき》の幹《みき》にあなをほり、巣作《すづく》りをはじめたのです。

巣作《すづく》りは、早朝《そうちょう》から夕方近《ゆうがたちか》くまで、おす、めす交代《こうたい》でおこない、完成《かんせい》までには、約《やく》一か月《げつ》かかります。巣《す》の完成《かんせい》が近《ちか》づくと、おすは夜《よる》も巣《す》の中《なか》にのこります。

一度《ど》ほった巣《す》あなは、環境《かんきょう》がかわらないかぎり、同《おな》じつがいが三年《ねん》から八年《ねん》ぐらいにわたって利用《りよう》します。

森《もり》では、ほかのキツツキたちの巣作《すづく》りもはじまっています。

卵《たまご》をあたためにもどっためす（左《ひだり》）と巣《す》からとびたつおす（右《みぎ》）。頭部《とうぶ》の赤《あか》い羽毛《うもう》が，後頭部《こうとうぶ》だけにあるのがめす，頭部全体《とうぶぜんたい》をおおっているのがおすです。

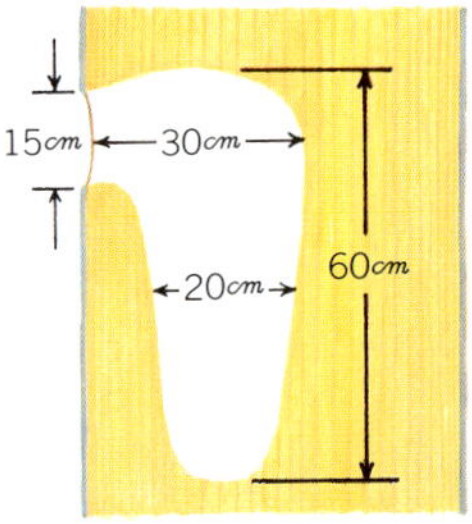

クマゲラの巣《す》の断面図《だんめんず》

エゾハルゼミのぬけがら。クマゲラのひながたんじょうする６月上旬《じょうじゅん》ごろ，森《もり》ではエゾハルゼミが鳴《な》きはじめます。

ひなのたんじょう

巣《す》が完成《かんせい》する五月《がつ》中旬《ちゅうじゅん》、クマゲラは産卵《さんらん》をはじめます。産卵《さんらん》は、朝早《あさはや》くおこない、一日《にち》に一個《こ》ずつ、合計《ごうけい》で三、四個《こ》うみます。

クマゲラの親《おや》が、おす、めす交代《こうたい》で卵《たまご》をあたためているころ、森《もり》には、南《みなみ》の地方《ちほう》から、わたり鳥《どり》たちが帰《かえ》ってきます。

卵《たまご》をあたためはじめてから約《やく》二週間《しゅうかん》、それまで巣《す》の近《ちか》くで鳴《な》きあっていたクマゲラが、すっかり鳴《な》かなくなりました。ひながうまれたのです。外敵《がいてき》のモモンガやタカなどに知《し》られない用心《ようじん》のためでしょう。

ひなが小《ちい》さい間《あいだ》、日中《にっちゅう》はおす、めす交代《こうたい》で巣《す》をまもり、夜《よる》はおすが巣《す》にのこります。

←夜《よる》の間《あいだ》に巣《す》の中《なか》にたまったふんを，口《くち》にくわえて運《はこ》びだすクマゲラのおす親《おや》。ひなが無事《ぶじ》に育《そだ》っているしょうこです。

←ひなにえさをあたえるクマゲラのおす親《おや》。外部《がいぶ》からはどんなえさをあたえているのかわかりませんが，ひなのふんからはアリの未消化物《みしょうかぶつ》が多《おお》くみつかります。

↑切《き》り株《かぶ》には，ムネアカオオアリが巣《す》をつくり，クマゲラのよいえさ場《ば》となります。

↑地上《ちじょう》におりてえさのアリをとるクマゲラのおす親《おや》。このようなとき，肉食動物《にくしょくどうぶつ》のキツネやテンにおそわれることがあります。

ひなを育《そだ》てる

ひながたんじょうして十日《か》ぐらいたつと、クマゲラの親《おや》は、日中《にっちゅう》、巣《す》をるすにすることが多《おお》くなります。ひなが大《おお》きくなったため、たくさんのえさが必要《ひつよう》になってきたからです。

朝早《あさはや》くから夕《ゆう》ぐれまで、親《おや》は、なわばり内《ない》の倒木《とうぼく》や古株《ふるかぶ》にすんでいるアリやその幼虫《ようちゅう》、カミキリムシの幼虫《ようちゅう》などをさがします。そして、一度《ど》のみこんで半分消化《はんぶんしょうか》したものをひなにあたえます。

えさをあたえる回数《かいすう》は、一日《にち》約《やく》三十回《かい》、朝方《あさがた》と夕方《ゆうがた》がとくに多《おお》く、昼間《ひるま》は一、二時間《じかん》おきになります。

●新緑《しんりょく》の森《もり》の中《なか》をとびまわり、えささがしにいそがしいアカゲラのおす親《おや》。クマゲラのひなが育《そだ》っているころ、ほかのキツツキたちのひなも育《そだ》ちます。

ガガンボをくちばしにくわえたアカゲラ。中《ちゅう》・小型《こがた》のキツツキは，クマゲラのようにえさをのみこまないで運《はこ》びます。

巣《す》あなをほるアカゲラ。巣《す》が完成《かんせい》するまでに，6回《かい》も場所《ばしょ》をかえたり，かたいヤマグワの生《なま》木《き》に巣《す》をつくるアカゲラも観察《かんさつ》されています。

ほかのキツツキたち

クマゲラ以外《いがい》の中《ちゅう》・小型《こがた》のキツツキたちも、クマゲラと同《おな》じ季節《きせつ》に、はんしょくをはじめます。

巣作《すづく》りは、おすが数本《すうほん》のかれ木《き》や生木《なまき》の、地上《ちじょう》一〜十メートルぐらいの所《ところ》にあなをほることからはじまります。めすが気《き》にいったあなができると、そのあなをおす、めす交代《こうたい》で、約《やく》一週間《しゅうかん》かけて巣《す》にしあげます。

中《ちゅう》・小型《こがた》のキツツキは、毎年《まいねん》新《あたら》しい巣《す》をつくるため、森《もり》には古巣《ふるす》がたくさんでき、それらの古巣《ふるす》をほかの小鳥《ことり》たちが利用《りよう》しています。

⬇巣《す》立《だ》ちま近《ぢか》のひなにえさをあたえるコゲラの親《おや》。コゲラの巣《す》は，ふつう，かれ木《き》の先端部《せんたんぶ》につくられます。コゲラの頭部《とうぶ》には，ほかのキツツキのようにはっきりした赤《あか》い羽毛《うもう》がほとんどなく，おすとめすの区別《くべつ》もなかなかできません。

アカゲラの巣《す》をうばったエゾモモンガ。

アカゲラのひなをねらうアオダイショウ。

巣《す》あなをねらう外敵《がいてき》

キツツキは、どこにでも巣《す》をつくるというわけではありません。

木《こ》もれ日《び》があたり、風通《かぜとお》しもよく、ヘビやモモンガなどの外敵《がいてき》が近《ちか》づきにくい場所《ばしょ》がえらばれます。そのうえ、巣《す》あなの前方《ぜんぽう》には木《き》が少《すく》なく、広《ひろ》くあいた場所《ばしょ》です。入口《いりぐち》は、親鳥《おやどり》がやっと出入《でい》りできる大《おお》きさで、あなから雨水《あまみず》がはいらないように、木《き》は少《すこ》しかたむいています。

しかし、こうして用心深《ようじんぶか》くつくられていても、ほかの動物《どうぶつ》や小鳥《ことり》に巣《す》をうばわれたり、ときには、卵《たまご》やひなが食《た》べられてしまうこともあります。

右《みぎ》，巣《す》あなをうばいにきたコムクドリをおいはらうアカゲラ。下《した》，ついにコムクドリがアカゲラの巣《す》あなをうばいとり，そこでひなを育《そだ》てはじめました。森《もり》といっても巣《す》に適《てき》した場所《ばしょ》はそうあるわけでなく，一度《ど》巣《す》をうばわれると，その年《とし》のはんしょくをやめてしまうキツツキがいます。

➡巣《す》立《だ》ちま近《ちか》のクマゲラのひな。親《おや》が巣《す》の近《ちか》くで鳴《な》くと，ひなはえさをもとめて，ジャッ，ジャッとはげしく鳴《な》きます。えさを一日数回《にちすうかい》にへらされたひなは空《くう》腹《ふく》になり，体重《たいじゅう》も軽《かる》くなります。親《おや》のるす中《ちゅう》も，ひなは巣《す》から顔《かお》をだしたままです。

⬅巣《す》の近《ちか》くをとびまわり，巣立《すだ》ちをうながすクマゲラの親《おや》。親《おや》は，えさを運《はこ》んできてもすぐにはあたえず，30分《ぷん》ぐらいじらしたり，ときには，あたえないままとびさります。また，このころから，親《おや》は巣《す》の中《なか》のひなのふんを外《そと》に運《はこ》びださなくなります。

巣立《すだ》ちの季節《きせつ》

森《もり》は深《ふか》い緑《みどり》につつまれています。

ひなのたんじょうから約《やく》二十日《か》、クマゲラの親子《おやこ》に変化《へんか》があらわれました。それまで、夜《よる》はひなといっしょに巣《す》にのこっていたおす親《おや》が、巣《す》からはなれ、ひなだけの夜《よる》がはじまったのです。ひなが大《おお》きくなり、中《なか》に、はいれなくなったのでしょう。

そのころから、ひなにあたえるえさを運《はこ》ぶ回数《かいすう》もへってきます。巣立《すだ》ちのときが近《ちか》づいてきたのです。親《おや》は、ひなを空腹《くうふく》にさせ、しきりに巣《す》立《だ》ちをうながしはじめます。

朝《あさ》の光《ひかり》の中《なか》に巣立《すだ》っていく幼鳥《ようちょう》。頭《あたま》と尾羽《おばね》をいっぱいに上《あ》げ，一直線《いっちょくせん》にとんでいきます。

たんじょう後《ご》、二十八日目《にちめ》のことです。朝《あさ》から同《おな》じひなが、巣《す》から顔《かお》をだしたままです。親《おや》は巣《す》のまわりをしきりにとび、ひなはくるったように鳴《な》きさけびます。

とうとうひなは、親《おや》めがけて一気《いっき》にとびだしました。五、六十メートルもとぶと、まるでぶつかるようにして、木《き》の幹《みき》にしがみつきました。

キツツキのひなは、一度《ど》のはばたき練習《れんしゅう》もしないで巣立《すだ》ちます。巣《す》の前《まえ》が広《ひろ》くあいているのはそのためなのです。こうして、ひなは一日《にち》一羽《わ》ずつ森《もり》の中《なか》へと巣立《すだ》っていきました。

←まるでおちるようにとびだしたあと、木《き》の幹《みき》にしがみつくクマゲラの幼鳥《ようちょう》。はげしい息《いき》づかいがきこえてくるようです。巣立《すだ》ち後《ご》は、親《おや》からじゅうぶんにえさをもらい、親《おや》がふたたびもどってくるまで、その場《ば》で鳴《な》かずに、何時間《なんじかん》でもまちます。夜《よる》は、ほかのひながぜんぶ巣立《すだ》つまで、幼鳥《ようちょう》だけでこずえにとまってすごします。

←エゾマツの幹《みき》にとまって，親《おや》（右《みぎ》）からえさをねだるクマゲラの幼鳥《ようちょう》（左《ひだり》）。

↓クマゲラの幼鳥《ようちょう》のくちばしは白《しろ》っぽいのが特《とく》ちょうです。秋《あき》には先《さき》が黒《くろ》くなり，親鳥《おやどり》とみわけがつきにくくなります。

↑森《もり》の上空《じょうくう》に発達《はったつ》した大《おお》きな入道雲《にゅうどうぐも》。

短《みじか》い北国《きたぐに》の夏《なつ》

北国《きたぐに》の森《もり》にも、暑《あつ》い南風《みなみかぜ》が流《なが》れていきます。中《ちゅう》・小型《こがた》のキツツキたちも、つぎつぎに巣《す》立《だ》っていきました。

クマゲラの幼鳥《ようちょう》は、もう親鳥《おやどり》とほとんど同《おな》じ大《おお》きさに成長《せいちょう》しています。

クマゲラの家族《かぞく》は、日中《にっちゅう》はおす親《おや》とめす親《おや》のグループにわかれ、幼鳥《ようちょう》は親《おや》からえさのとり方《かた》や、外敵《がいてき》から身《み》をまもる方《ほう》法《ほう》などをおそわります。

夜《よる》になると、幼鳥《ようちょう》たちはめす親《おや》といっしょにこずえで休《やす》み、巣《す》には帰《かえ》りません。

巣《す》立《だ》ちした幼鳥《ようちょう》たちは、こうして少《すこ》しずつひとり立《だ》ちの準備《じゅんび》をしていきます。

→くちばしでかれ木《き》をはげしくつつくオオアカゲラの幼鳥《ようちょう》。木《き》の中《なか》で成長《せいちょう》しているカミキリムシやクワガタムシの幼虫《ようちゅう》をほりだして食《た》べます。

←古株《ふるかぶ》にはえるキノコ。この古株《ふるかぶ》には，もうアリはすんでいません。あと数年《すうねん》もすると，コケにおおわれて，くちはてることでしょう。

秋《あき》のおとずれ

昼《ひる》と夜《よる》の温度差《おんどさ》が大《おお》きくなり、森《もり》に朝霧《あさぎり》がたちこめはじめました。秋《あき》がきたのです。

それまで森《もり》をにぎわしていた昆虫《こんちゅう》の姿《すがた》は、あまりみあたりません。しかし、昆虫《こんちゅう》の卵《たまご》や幼虫《ようちゅう》、さなぎは、木《き》の皮《かわ》や古株《ふるかぶ》の中《なか》で育《そだ》っています。そこでキツツキたちは、倒木《とうぼく》や古株《ふるかぶ》にやってきて、さかんにえさをさがします。

九月《がつ》下《げ》旬《じゅん》になると、クマゲラの親《おや》は、いままですんでいた森《もり》から幼鳥《ようちょう》をさそいだします。子別《こわか》れのときがきたのです。これからは、幼《よう》鳥《ちょう》はひとりでくらさなければならないのです。

このころになると、おす親《おや》とめす親《おや》も、なわばりの中《なか》で別《べつ》べつにくらしはじめます。

↑えさをさがすヤマゲラ。森《もり》はすっかり紅葉《こうよう》し，秋《あき》は深《ふか》まっていきます。

木《き》の実《み》を食《た》べるキツツキ

秋《あき》は深《ふか》まり、木《き》の葉《は》が色《いろ》づいてきました。この季節《きせつ》になると、いままでおもに昆虫《こんちゅう》を食《た》べていた中《ちゅう》・小型《こがた》のキツツキは、じゅくした木《き》の実《み》もさかんに食《た》べはじめます。

木《き》の実《み》には、脂肪分《しぼうぶん》がたくさんあり、栄養《えいよう》は豊富《ほうふ》です。やがてやってくる冬《ふゆ》にそなえて、えさのたくさんある時期《じき》に、じゅうぶんな体力《たいりょく》をつけておかなければなりません。

キツツキたちは、朝早《あさはや》くから夕《ゆう》ぐれまで、森《もり》の中《なか》をとびまわり、えささがしにけんめいです。

ホオの実《み》を食《た》べるアカゲラ。

ホオの実《み》を食《た》べるヤマゲラ。

クルミの実《み》を運《はこ》ぶオオアカゲラ。

ウルシの実《み》を食《た》べるコゲラ。

●朝露《あさつゆ》にぬれながら、えさをさがすヤマゲラ。この森《もり》ではんしょくをおえたわたり鳥《どり》たちは、南《みなみ》のあたたかい地方《ちほう》へ去《さ》っていきました。遠《とお》くから、キツツキの木《き》をたたくかすかな音《おと》がながれてきます。

➡冬《ふゆ》の森《もり》でエゾリスと出会《であ》ったアカゲラ。このあと、アカゲラは、エゾリスの食《た》べのこしたクルミのからをつついて、わずかばかりの実《み》を食《た》べました。

⬅立《た》ちがれの木《き》にあなをあけ、昆虫《こんちゅう》をとりだすオオアカゲラ。胸《むね》をはり、足《あし》と尾羽《おばね》でからだをささえ、頭《あたま》をハンマーのように打《う》ちおろします。あながあくと、先《さき》がとげ状《じょう》になった長《なが》い舌《した》で、昆虫《こんちゅう》をとりだします。

冬《ふゆ》のはじまり

寒《さむ》ざむとした灰色《はいいろ》の空《そら》からふってくる雪《ゆき》が、つもったり消《き》えたりしているうちに、やがて、森《もり》は深《ふか》い根雪《ねゆき》にうずもれます。

これまで、キツツキのえさ場《ば》であった古《ふる》株《かぶ》や倒木《とうぼく》は、つぎつぎに雪《ゆき》にかくされていきます。木《き》の実《み》もほとんどなくなってしまいました。北国《きたぐに》の長《なが》い冬《ふゆ》のはじまりです。

キツツキは、まだ雪《ゆき》にうずもれていない立《た》ちがれの木《き》をもとめて、森中《もりじゅう》をとびまわります。でも、同《おな》じ森《もり》に立《た》ちがれの木《き》は、そう多《おお》くはありません。キツツキは、えさをもとめて、はんしょくの期間《きかん》まもってきたなわばりからはなれるようになります。

➡ふぶきの中《なか》で，木《き》の根《ね》もとにとまり，えさをさがすクマゲラ。木《き》はふつう，根《ね》もとからくさりだし，その部分《ぶぶん》にアリが巣《す》をつくります。そのことを知《し》っているクマゲラは，おもに木《き》の根《ね》もとにあなをあけます。

⬅ダケカンバの幹《みき》に大《おお》きなあな（縦《たて》25㎝，横《よこ》20㎝，深《ふか》さ21㎝）をあけて，アリをとるクマゲラ。体力《たいりょく》をもっとも必要《ひつよう》とするこの方法《ほうほう》は，いよいよえさがなくなったとき（北海道《ほっかいどう》では１月《がつ》～４月上旬《がつじょうじゅん》の雪《ゆき》どけまで）の最後《さいご》の手段《しゅだん》です。

ま冬《ふゆ》のえささがし

森《もり》は、深《ふか》い雪《ゆき》にとざされています。そのうえ、気温《きおん》はぐんぐん下《さ》がり、空気《くうき》までがこおりつきそうです。

立《た》ちがれの木《き》は、ほとんどほりかえされ、えさ不足《ぶそく》は深刻《しんこく》です。

いよいよキツツキ特有《とくゆう》のえささがしがはじまりました。人間《にんげん》には健康《けんこう》そうにみえる立木《たちぎ》にとまり、下《した》から上《うえ》へと、くちばしで幹《みき》をたたいてまわります。そして、昆虫《こんちゅう》のいそうな場所《ばしょ》に大《おお》きなあなをあけ、えさをとりだします。

なぜか、キツツキがあなをあけた場所《ばしょ》には、かならず昆虫《こんちゅう》がすんでいます。

←かれ木《き》でえさのうばいあいをするオオアカゲラ(上《うえ》)とヤマゲラ(下《した》)。

↓えさをみつけたコゲラ。幹《みき》に大《おお》きなあなをほって昆虫《こんちゅう》をとることのできないコゲラは，くちかけた木《き》の皮《かわ》に小《ちい》さなあなをあけて，えさをとります。

↑小枝《こえだ》につもった雪《ゆき》をけちらして，えささがしをするアカゲラ。

←立《た》ちがれの木《き》にのこされたオオアカゲラの食事《しょくじ》のあと

●ふぶきの中《なか》で、暗《くら》くなるまでえさをさがすアカゲラ。

➡昼寝《ひるね》をするヤマゲラ。気温《きおん》も上《あ》がり、えささがしのつかれをいやしているのでしょう。

春《はる》をまつ

寒《さむ》さが少《すこ》しずつやわらぎ、粉雪《こなゆき》が大《おお》きなぼたん雪《ゆき》にかわってきました。

森《もり》のおくから、コツコツと音《おと》がきこえてきます。キツツキたちは、わずかばかりのえさをみつけて、うえをしのいでいます。

キュッキュッ、キュル、キュルル……。

とつぜん、アカゲラのけたたましい鳴《な》き声《ごえ》が森中《もりじゅう》にひびきました。えさ不足《ぶそく》のため、なわばりがくずれていたキツツキたちに、ふたたびなわばりをつくろうとする気《き》持《もち》がめざめてきたのでしょう。おすどうしのこぜりあいがはじまったようです。

こうして、冬《ふゆ》を生《い》きぬいたキツツキは、

←雪《ゆき》をけちらして、おいかけあうアカゲラのおすどうし。こうして、冬《ふゆ》の間《あいだ》くずれていたなわばりが、ふたたびつくられていきます。

うえとのたたかいから、はんしょくの営《いとな》みへと、しだいに活気《かっき》づいていくのです。

ドドドドド……、
キロキロキロ……。
キツツキの春《はる》をつげる音《おと》が、
森《もり》中《じゅう》にこだましていきます。

●めすをもとめてとびたつアカゲラのおす。

⬆シラカンバの幹《みき》につくった巣《す》にもどるクマゲラ。

●巣《す》の中《なか》のひなのようす。ひなは大《おお》きくなると，巣《す》の内側《うちがわ》のかべに垂直《すいちょく》にしがみついています。

キツツキという名前は、〃木《き》をつつく〃という習性《しゅうせい》からつけられています。事実《じじつ》、キツツキは、木《き》の幹《みき》をつたいながら、くちばしで木《き》をつつき、木《き》の皮《かわ》の下《した》や幹《みき》の中《なか》にすむ昆虫《こんちゅう》をさがして食《た》べます。

はんしょく期《き》になると、キツツキは、くちばしで木《き》の幹《みき》にあなをほり、あなの中《なか》でひなを育《そだ》てます。また、クマゲラやアカゲラ、ヤマゲラなどは、くちばしでかれ木《き》をたたいて、強弱《きょうじゃく》のある連続音《れんぞくおん》をだします。これをドラミングといいます。ほかの野鳥《やちょう》にくらべて鳴《な》き声《ごえ》の単純《たんじゅん》なキツツキは、ドラミングでなわばりせんげんをしたり、結婚《けっこん》の相手《あいて》をさがします。

キツツキは、古《ふる》くから〃ケラ〃ともよばれてきました。このよび名《な》は、ドラミングの音《おと》からつけられたもので、現在《げんざい》でもキツツキをケラツツキとよぶ地方《ちほう》があります。

このように、キツツキは、鳥《とり》の中《なか》でも木《き》とのまじわりがとても深《ふか》く、森林《しんりん》ときってもきれない関係《かんけい》にある鳥《とり》です。その多《おお》くは、一年《ねん》中《じゅう》同《おな》じ森《もり》でくらしています。

●日本《にっぽん》にすむキツツキ

クマゲラ　北海道《ほっかいどう》，秋田県《あきたけん》，青森県《あおもりけん》の原生林《げんせいりん》に一年中《ねんじゅう》すんでいる。
オオアカゲラ　日本全国《にっぽんぜんこく》にすむ。南《みなみ》にすむものほど，からだの色《いろ》が濃《こ》い。
ヤマゲラ　北海道《ほっかいどう》だけに一年中《ねんじゅう》すんでいる。
アオゲラ　本州《ほんしゅう》，四国《しこく》，九州《きゅうしゅう》，種子島《たねがしま》，屋久島《やくしま》に一年中《ねんじゅう》すんでいる。世界《せかい》でも日本《にっぽん》だけにすむキツツキ。
アカゲラ　本州《ほんしゅう》，北海道《ほっかいどう》に一年中《ねんじゅう》すんでいる。本州中部以北《ほんしゅうちゅうぶいほく》では，もっともよく知《し》られたキツツキ。
コアカゲラ　北海道《ほっかいどう》に一年中《ねんじゅう》すんでいるが，数《かず》はあまり多《おお》くない。
コゲラ　日本全国《にっぽんぜんこく》に一年中《ねんじゅう》すみ，全国的《ぜんこくてき》によく知《し》られている。
アリスイ　北海道《ほっかいどう》と本州北部《ほんしゅうほくぶ》ではんしょくし，冬《ふゆ》は四国《しこく》や九州《きゅうしゅう》にわたる。
ミユビゲラ　北海道《ほっかいどう》にごく少数《しょうすう》すむ。足《あし》の指《ゆび》が三本《ぼん》しかない。
キタタキ　かつては対馬《つしま》の原生林《げんせいりん》にすんでいたが，最近《さいきん》の調査《ちょうさ》でもみつからず，絶滅《ぜつめつ》したのではないかといわれている。
ノグチゲラ　世界《せかい》でも沖縄県《おきなわけん》だけにごく少数《しょうすう》がすんでいる。

キツツキのなかまは、極地《きょくち》やオセアニア地方《ちほう》、マダガスカルをのぞいた全世界《ぜんせかい》に、二百《ひゃく》種《しゅ》以上《いじょう》がすんでいます。

日本《にっぽん》には、いままで十一種《しゅ》のキツツキがすんでいました。しかし、最近《さいきん》では、対馬《つしま》にすむキタタキは、絶滅《ぜつめつ》したのではないかといわれています。

沖縄県《おきなわけん》だけにすむノグチゲラは、すんでいる数《かず》が少《すく》なく、世界《せかい》でも貴重《きちょう》な鳥《とり》の一種《しゅ》とされています。また、北海道《ほっかいどう》にすんでいるクマゲラは、以前《いぜん》は本州北部《ほんしゅうほくぶ》にもすんでいましたが、本州《ほんしゅう》では絶滅《ぜつめつ》したとされていました。ところが、一九七五年《ねん》、秋田県八幡平《あきたけんはちまんたい》のブナ自然林《しぜんりん》ではんしょくしていることが、四十一年《ねん》ぶりに確認《かくにん》されました。

アリスイは、ほかのキツツキとちがって、森林《しんりん》よりも少《すこ》し開《ひら》けた場所《ばしょ》にすみ、夏鳥《なつどり》として北海道《ほっかいどう》や本州北部《ほんしゅうほくぶ》ではんしょくし、冬《ふゆ》は四国《しこく》や九州以南《きゅうしゅういなん》にわたっていきます。

キツツキの多《おお》くは、いつも同《おな》じ場所《ばしょ》にすんでいるため、同《おな》じ種《しゅ》でも、すむ地域《ちいき》によってくらしぶりやからだの色《いろ》、形《かたち》にわずかなちがいがあります。

ノグチゲラ
（オオアカゲラよりやや大《おお》きい）

キタタキ
（クマゲラとほぼ同《おな》じ）

ミユビゲラ
（アカゲラよりやや小《ちい》さい）

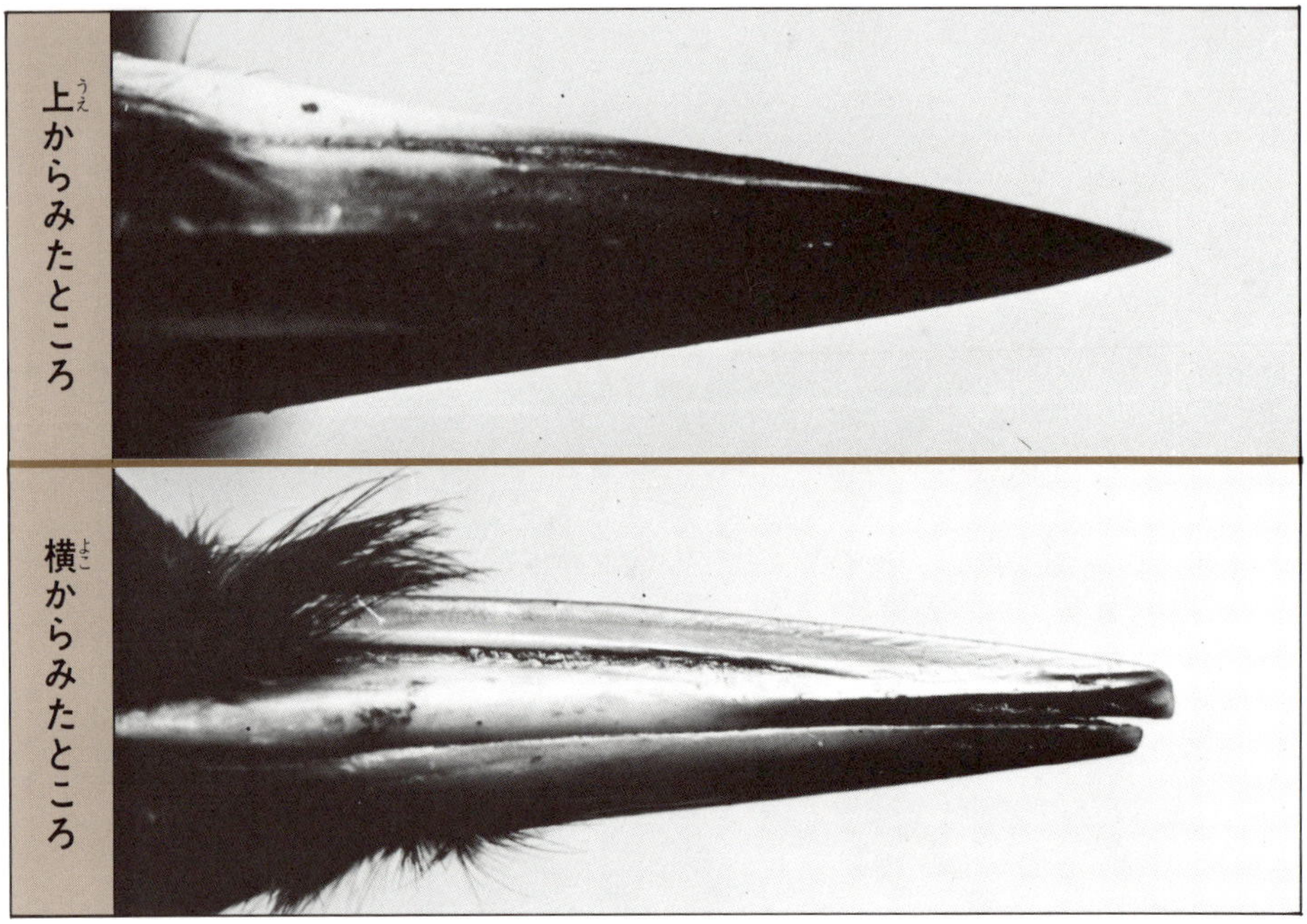

⬆クマゲラのくちばし。長《なが》さ約《やく》6センチメートル。くちばしのつけねにある鼻毛《はなげ》は，ほかの鳥《とり》より長《なが》く，木《き》くずが鼻《はな》や目《め》にはいるのをふせいでいます。

キツツキのくちばしは、木《き》をつつくために、とてもかたく、まっすぐになっています。

木《き》にあなをほるときは、頭《あたま》と首《くび》をハンマーのようにはたらかせます。そのため、ほかの鳥《とり》にくらべて、キツツキの頭《あたま》は、からだ全体《ぜんたい》の中《なか》で、大《おお》きく重《おも》くなっています。

キツツキには、木《き》の幹《みき》をがっしりつかむことのできる足《あし》やつめ、木《き》の幹《みき》に垂直《すいちょく》にとまったとき、からだをささえることのできる、かたくて先《さき》のとがった尾羽《おばね》があります。

そのうえ、キツツキの舌《した》は、ふつうの鳥《とり》の四、五倍《ばい》も長《なが》くのびます。舌《した》の先《さき》には、かぎ状《じょう》のとげがあり、これで昆虫《こんちゅう》をとりだします。

日本《にっぽん》にすむキツツキは、おすとめすがほぼ同《おな》じ大《おお》きさで、からだのもようもあまりかわりません。ただ、頭部《とうぶ》にある赤《あか》や黄色《きいろ》の羽毛《うもう》の多少《たしょう》、有無《うむ》によって、おすとめすの区別《くべつ》がつきます。

●アカゲラのからだ

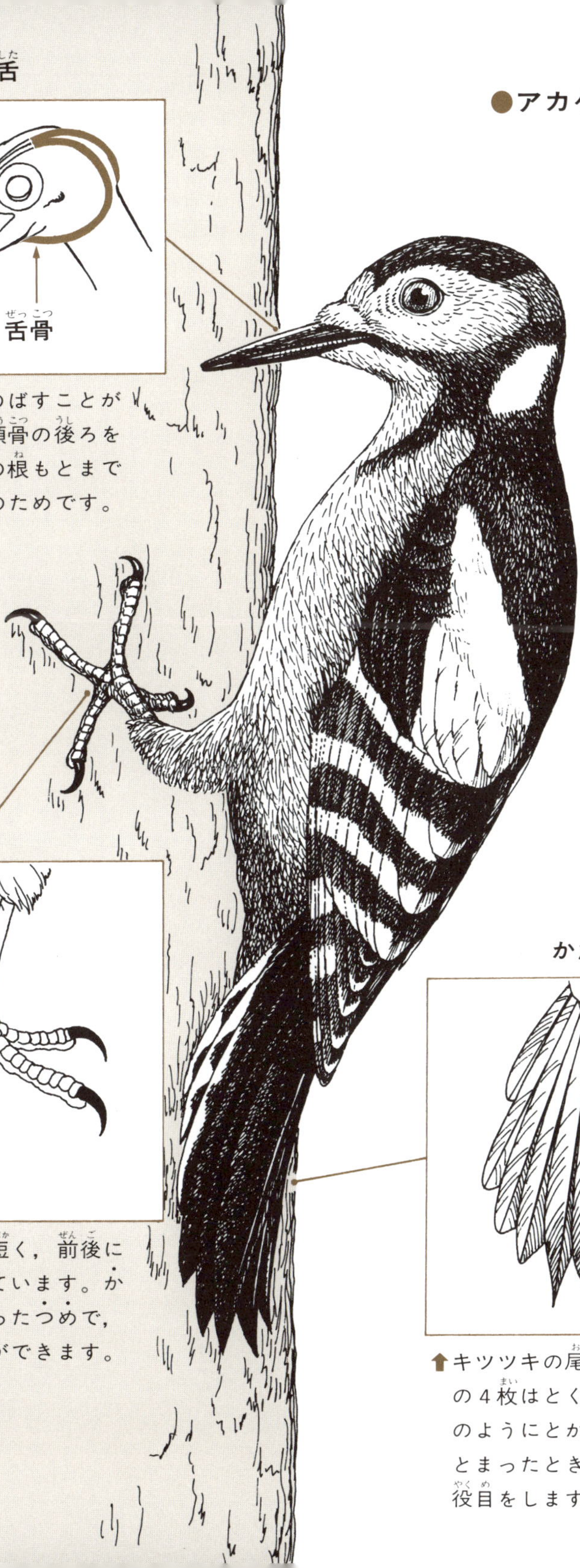

長《なが》くのびる舌《した》

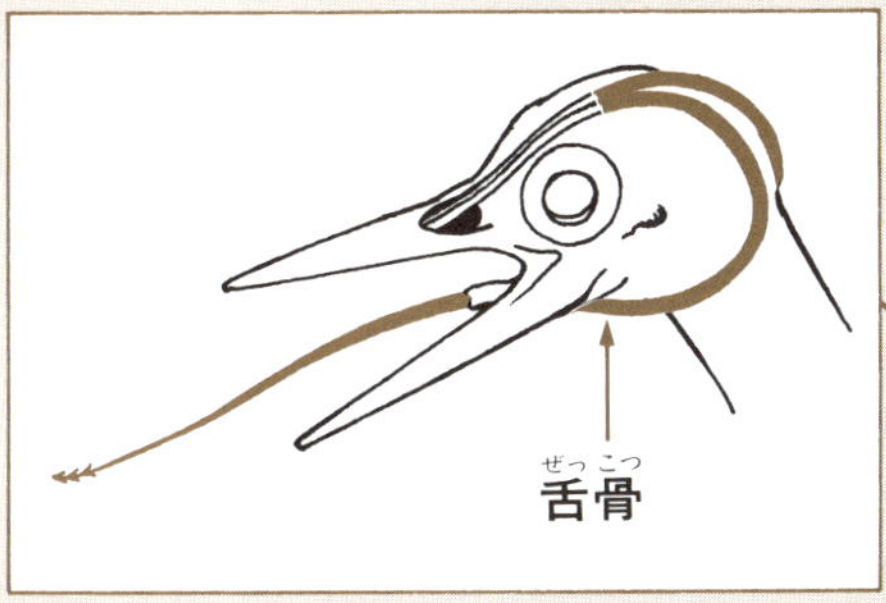

⬆キツツキが舌《した》を長《なが》くのばすことができるのは，鼻《はな》から頭骨《とうこつ》の後《うし》ろをまわって，くちばしの根《ね》もとまでのびている長《なが》い舌骨《ぜっこつ》のためです。

じょうぶな足《あし》

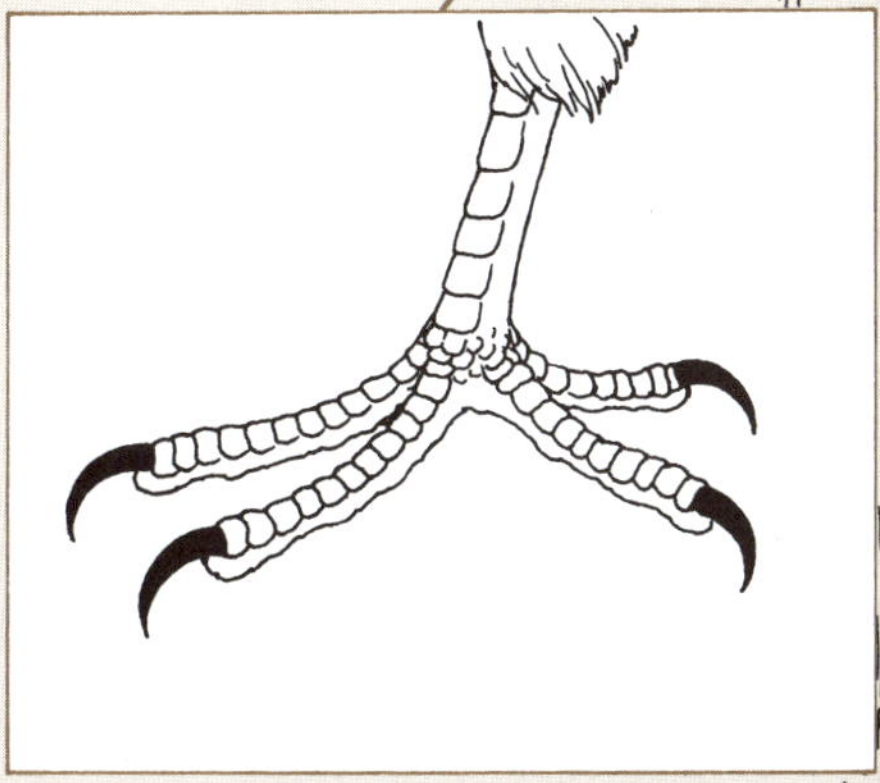

⬆キツツキの足《あし》は太《ふと》く短《みじか》く，前後《ぜんご》に指《ゆび》が２本《ほん》ずつわかれています。かぎ状《じょう》にするどくとがったつめで，木《き》の皮《かわ》をつかむことができます。

かたい尾羽《おばね》

⬆キツツキの尾羽《おばね》は12枚《まい》あり，中心《ちゅうしん》の４枚《まい》はとくにかたく，先《さき》がはりのようにとがっていて，木《き》の幹《みき》にとまったときにからだをささえる役目《やくめ》をします。

●子《こ》を育《そだ》てるための巣《す》あな

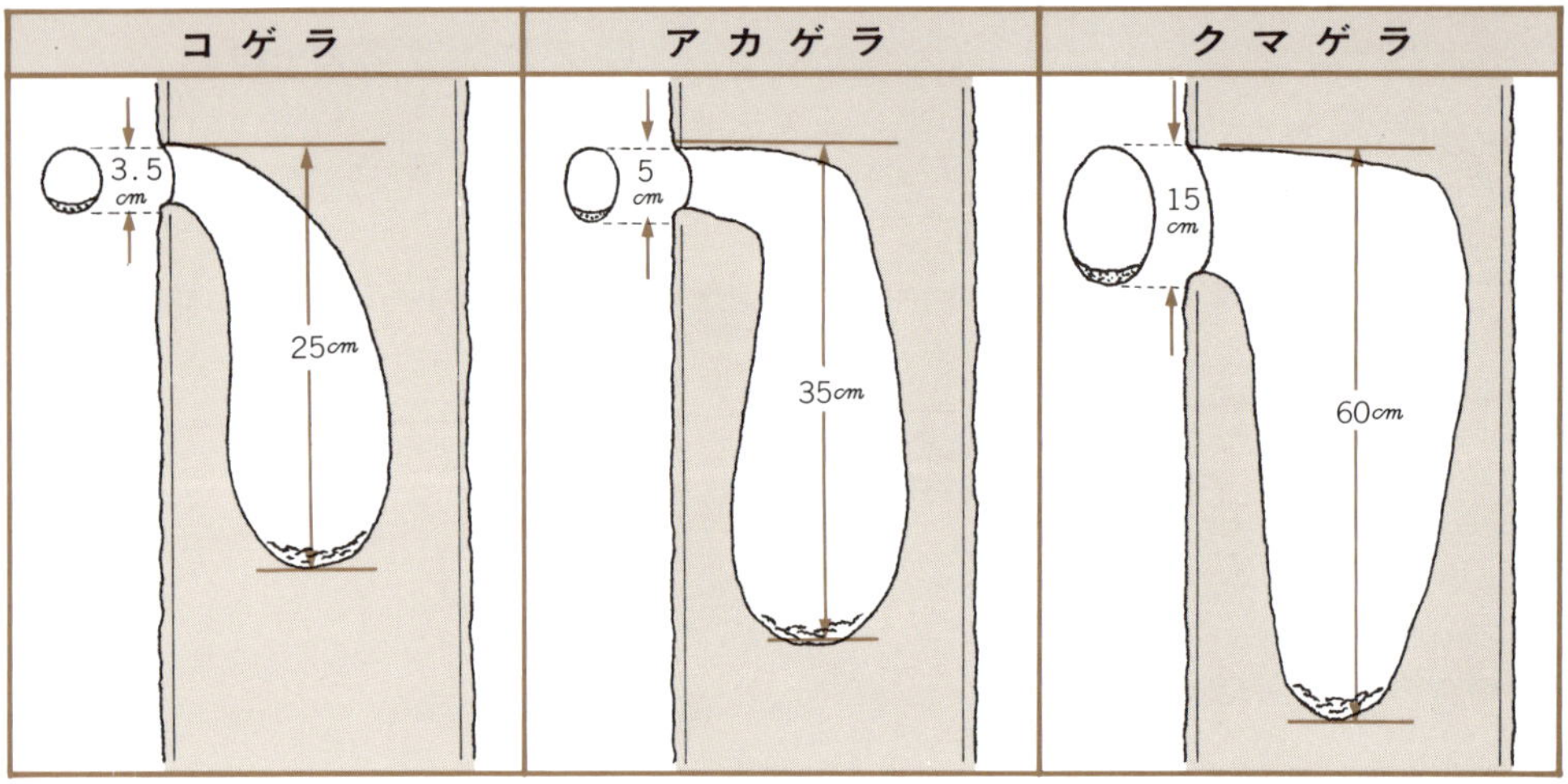

⬆かれ木《き》の幹《みき》や枝《えだ》の地《ち》上《じょう》から高《たか》さ1.5 〜10メートルの所《ところ》につくります。巣《す》の入口《いりぐち》は，ほぼ円形《えんけい》です。

⬆かれ木《き》や生木《なまき》の幹《みき》の地《ち》上《じょう》から高《たか》さ 2〜6 メートルの所《ところ》につくります。巣《す》の入口《いりぐち》は，ほぼだ円形《えんけい》です。

⬆まわりの木《き》にくらべて特《とく》に大《おお》きな生木《なまき》の幹《みき》の，地《ち》上《じょう》から高《たか》さ10メートルぐらいの所《ところ》につくります。

キツツキは、木《き》にいろいろなあなをほります。ひなを育《そだ》てるための巣《す》あな、えさをとるためのあな、夜《よる》ねむるためのねぐら用《よう》のあなの三種類《しゅるい》です。

巣《す》あなは、木《き》の幹《みき》だけにほります。中《ちゅう》・小型《こがた》のキツツキは、かれ木《き》が中心《ちゅうしん》ですが、クマゲラは生木《なまき》にほります。巣《す》あなの大《おお》きさや形《かたち》、ほる位置《いち》などは、キツツキの種類《しゅるい》によって少《すこ》しずつちがいます。

えさをとるためのあなは、木《き》の幹《みき》だけではなく、枝《えだ》や木《き》の根《ね》もとにもほります。それに、巣《す》あなは横《よこ》にほったあと、縦《たて》にもあなをほっていきますが、えさをとるためのあなは、横《よこ》にあなをほるだけです。

また、えさをとるためのあなは、巣《す》あなにくらべてあなのりんかくがはっきりせず、ギザギザになっています。コゲラは、かれ木《き》にあなをほることもありますが、多《おお》くは、木《き》の皮《かわ》に小《ちい》さなあなをあけたり、皮《かわ》をはいだりします。キツツキがえさをとるためのあなをほるのは、とくにえさのとぼしい冬《ふゆ》の間《あいだ》多《おお》くみられます。

えさをとるためのあな

コゲラ

木《き》の幹《みき》にあなをあけることがにがてなので，木《き》の皮《かわ》に小《ちい》さなあなをあけたり，皮《かわ》をめくったりします。

オオアカゲラ

あなのおくゆきは浅《あさ》く，りんかくはギザギザ。木《き》の幹《みき》だけでなく，小枝《こえだ》にも円形《えんけい》のあなをほります。

クマゲラ

木《き》の幹《みき》の地上《ちじょう》から高《たか》さ１メートル前後《ぜんご》の所《ところ》に多《おお》くあります。巣《す》あなの入口《いりぐち》よりも大《おお》きく，細長《ほそなが》いだ円形《えんけい》です。

キツツキは、おすとめすがそれぞれきまったねぐらを、一年《ねん》から数年間《すうねんかん》利用《りよう》します。クマゲラのねぐらは、大木《たいぼく》の幹《みき》の内部《ないぶ》が空《くう》どうになっているところに、三〜七個《こ》の出入口《でいりぐち》をあけたものです。それ以外《いがい》のキツツキは、つかわなくなった巣《す》あなをねぐらにしています。

キツツキのなかでもアリスイだけは、いっさい木《き》にあなをほりません。巣《す》あなは、からだの大《おお》きさがにかよったアカゲラの古巣《ふるす》を利用《りよう》します。おもにアリ塚《づか》のアリを食《た》べるアリスイは、冬《ふゆ》になると、冬《ふゆ》でもアリのいるあたたかい地方《ちほう》にわたっていきます。

クマゲラのねぐら

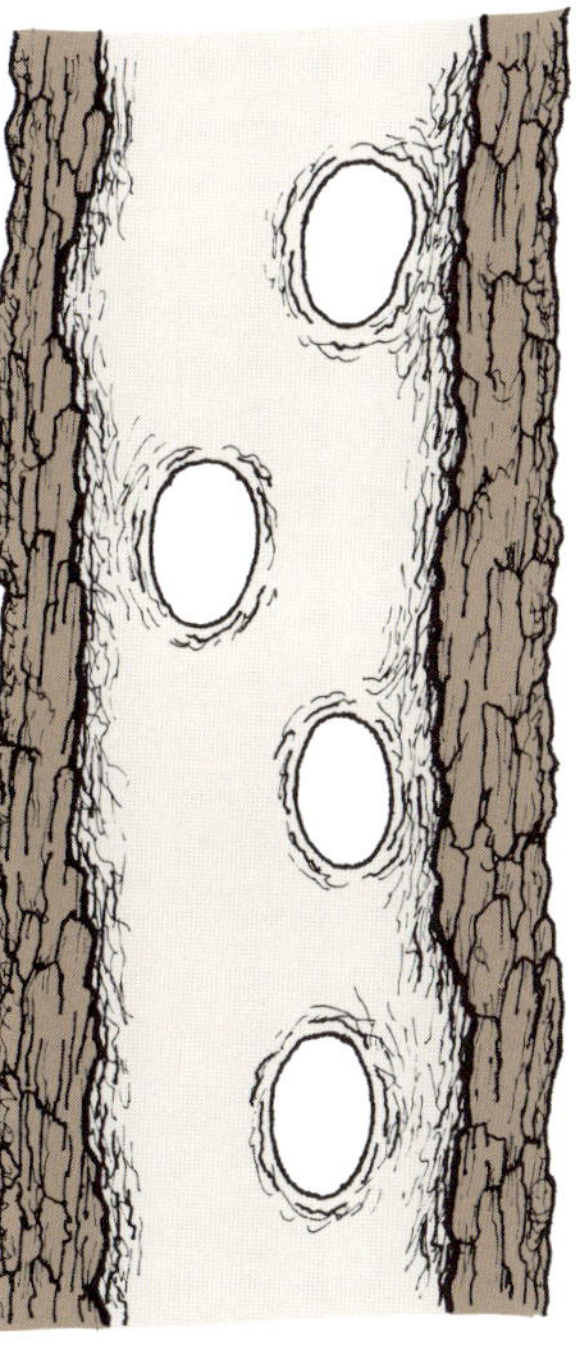

クマゲラは，大《おお》きな木《き》の幹《みき》の内部《ないぶ》が空《くう》どうになった所《ところ》に数個《すうこ》のあなをあけ，ねぐらをつくります。

＊森《もり》の一年《ねん》

この表《ひょう》は、一九七五年《ねん》から一九八一年《ねん》までの七年間《ねんかん》の記録《きろく》をもとに作《つく》ったものです。

キツツキのくらし（絵《え》はクマゲラの一年《ねん》）

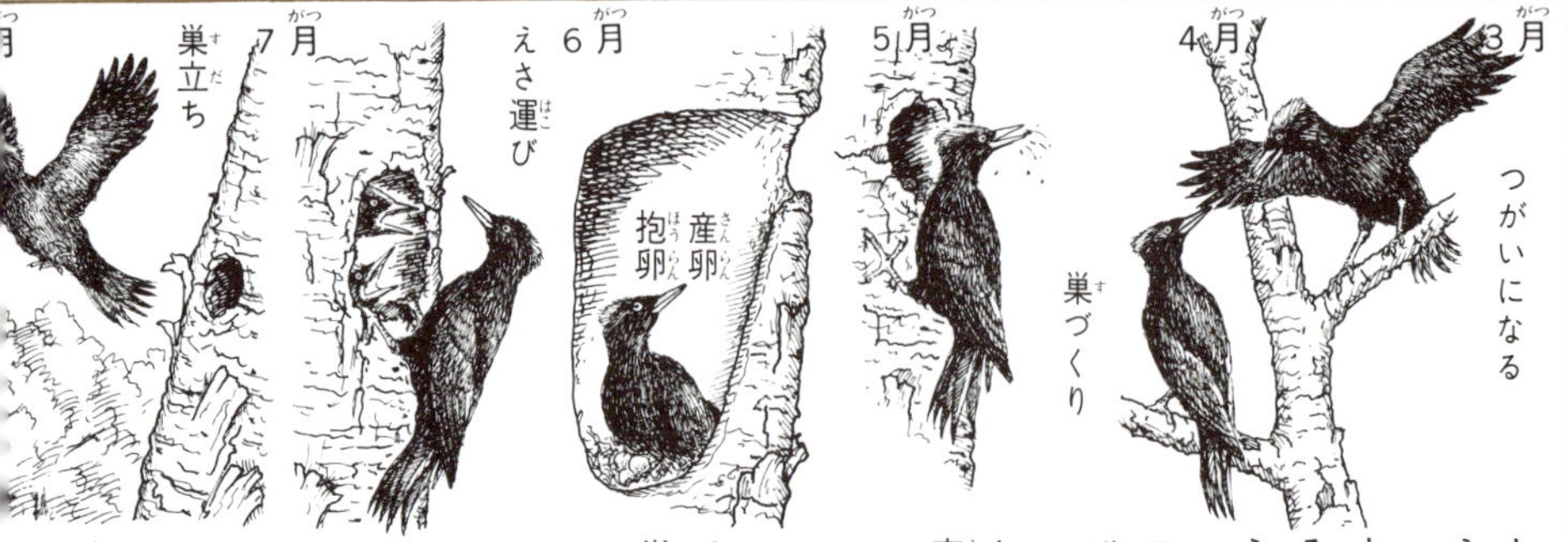

ヤマゲラとオオアカゲラが、えさのとりあいをしていた。

オオアカゲラがえさとりにいそがしく、近《ちか》づいてもにげようとしない。

アカゲラのおすどうしが、こぜりあいをしている。

ヤマゲラのドラミングの音《おと》が森中《もりじゅう》にひびきわたる。

コゲラの巣《す》あなほりはじまる。

アカゲラが巣《す》をつくりあげたその日《ひ》のうちに、モモンガに巣《す》をうばわれた。

アカゲラのひな生《う》まれる。

コゲラ巣《す》立《だ》つ。だが、一羽《わ》のひなは飛《と》べないで草《くさ》むらにおちる。親《おや》はやってこない。

アカゲラが大雨《おおあめ》の中《なか》を巣《す》立《だ》っていく。

めす親《おや》のいないおす親《おや》だけに育《そだ》てられたアカゲラのひな二羽《わ》が、やっと巣《す》立《だ》つ。

森《もり》の四《し》季《き》

森《もり》のひえこみがやわらいでくる。木《き》の上《うえ》につもった雪《ゆき》から、つららが下《さ》がった。

日中《にっちゅう》はあたたかくなり、雪《ゆき》どけがすすむ。

フクジュソウがさく。

ヒメギフチョウが飛《と》びかう。

リュウキンカがさく。

カタクリの花《はな》がさく。

コブシの花《はな》がさく。

タンポポの花《はな》が開《ひら》く。

スズランの花《はな》がさく。

エゾハルゼミが鳴《な》きはじめる。

森《もり》はすっかり新緑《しんりょく》につつまれる。

クロユリの花《はな》がさく。

雨《あめ》の中《なか》、カタツムリがイタドリの葉《は》の上《うえ》で休《やす》んでいた。

クワガタムシが姿《すがた》をあらわす。

森《もり》にすむほかの動物《どうぶつ》たち

エゾシカが、ヤナギの芽《め》を食《た》べに沢《さわ》へおりてきた。

二ひきのキタキツネが、朝日《あさひ》にかがやく雪原《せつげん》を走《はし》っていく。

キタキツネが、雪《ゆき》をかきわけて巣《す》あなほりをしている。

エゾフクロウに出会《であ》う。

シマリスが冬眠《とうみん》からさめ、日《ひ》なたぼっこをしている。

カワセミが巣作《すづく》りをはじめる。

キタキツネの子《こ》に初《はじ》めて出会《であ》う。

カッコウの初音《はつね》をきく。

キタキツネの子《こ》が、巣《す》から遠出《とおで》をする。

エゾリスが巣《す》立《だ》つ。

キタキツネの子《こ》が一ぴき死《し》んでいるのに出会《であ》う。

クロツグミ、アカショウビンの鳴《な》き声《ごえ》が森《もり》にこだましていく。

モズの巣《す》の中《なか》で、カッコウのひなが育《そだ》っている。

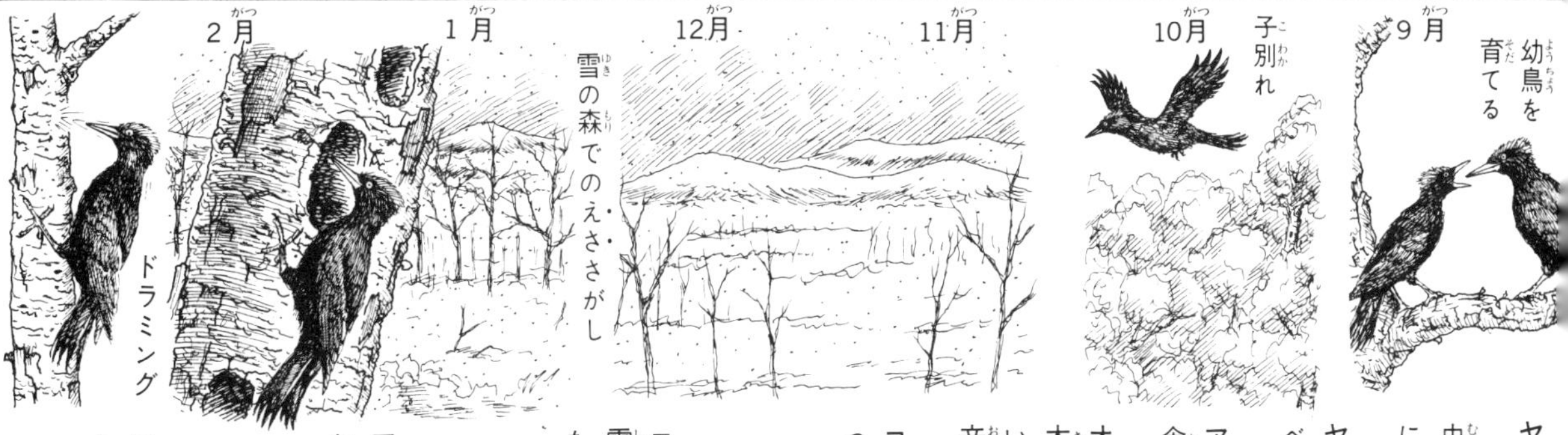

ヤマゲラの幼鳥に出会う。

虫《むし》をとっているオオアカゲラに出会《であ》う。

ヤマゲラが赤《あか》いホオの実《み》を食《た》べている。

アカゲラが赤《あか》いコブシの実《み》を食《た》べている。

オオアカゲラがクルミの実《み》を木《き》のまたにはさんでつついている。たいこをたたくような音《おと》が、遠《とお》くまでひびく。

コアカゲラのおすが飛《と》んでいった。

コゲラとアカゲラが、霜《しも》がれしたウルシの実《み》をなかよく食《た》べている。

アカゲラがオオタカにおわれてにげていった。

アカゲラが、ふぶきの中《なか》でえさとりをしている。

森の中を暑い南風がふく。

西風《にしかぜ》がふきはじめる。

昼《ひる》と夜《よる》の気温差《きおんさ》が大《おお》きくなり、森《もり》に朝霧《あさぎり》が立《た》ちこめはじめる。

ウルシの葉《は》があざやかに色《いろ》づく。

大雪山《だいせつざん》に初雪《はつゆき》がふる。

森《もり》にぼたん雪《ゆき》がふりはじめる。

朝霧《あさぎり》が深《ふか》く立《た》ちこめ、日射《ひざ》しをさえぎっている。冷《つめ》たい木《こ》がらしが森《もり》をふきぬけていく。

森《もり》はすっかり雪《ゆき》にとざされる。

エゾリスの足《あし》あとが、新雪《しんせつ》の上《うえ》にはっきりのこっていた。

ふりつもった雪《ゆき》の上《うえ》を強《つよ》い風《かぜ》がふき、雪《ゆき》がさまざまな波《なみ》もようをえがきだしている。

樹氷《じゅひょう》が小枝《こえだ》につき、朝日《あさひ》にあたって銀色《ぎんいろ》の花《はな》のようにかがやいている。

木《き》の幹《みき》が寒《さむ》さのためわれてしまう。積雪《せきせつ》は約《やく》一・八メートル。

コエゾイタチに出会《であ》う。

アオサギがわたってきた。

撮影中《さつえいちゅう》のキタキツネが子別《こわか》れをする。

見知《みし》らぬキタキツネの子《こ》に出会《であ》う。地上《ちじょう》でドングリをひろうシマリスをねらっている。

オオハクチョウの大群《たいぐん》が、南《みなみ》に向《む》けてみねをこえていった。

日《ひ》なたぼっこをしているエゾライチョウに出会《であ》う。

コウライキジが首《くび》をのばしてヨモギの実《み》を食《た》べている。

キタキツネのめす親《おや》が鉄《てっ》ぽうでうたれて死《し》んだ。

オジロワシが飛《と》んでくる。

キタキツネがさかんに鳴《な》きはじめる。恋《こい》の季節《きせつ》をむかえたのだろう。

モモンガの毛《け》が雪《ゆき》の上《うえ》にちらばっている。ハイタカにおそわれたらしい。

エゾリスが、木《き》の樹洞《じゅどう》から尾《お》だけだして死《し》んでいた。

森《もり》にある立《た》ちがれの木《き》。キツツキは，こうしたかれ木《き》にあなをあけてえさをとります。この木《き》はやがて風《かぜ》でたおれ，菌類《きんるい》などに分解《ぶんかい》されて，土《つち》にもどっていくことでしょう。

＊キツツキと森《もり》

キツツキは、森《もり》にすむ鳥《とり》です。森《もり》の木《き》が、どんどん切《き》りたおされていくと、キツツキは、すむ場《ば》所《しょ》をうしなってしまいます。

では、切《き》りたおされた森《もり》に、新《あたら》しい木《き》を人工的《じんこうてき》に植《う》えておけば、キツツキのすみ場所《ばしょ》はなくならないでしょうか。そうではありません。なぜなら、キツツキは、スギやヒノキ林《ばやし》のように同《おな》じ種類《しゅるい》の木《き》だけが植《う》えられている人工林《じんこうりん》には、すむことができないのです。キツツキは、常緑樹《じょうりょくじゅ》と落葉樹《らくようじゅ》がまじりあった自然林《しぜんりん》にしかすむことができません。

自然林《しぜんりん》では、毎年《まいとし》、古《ふる》くなった木《き》がかれたり、風《かぜ》でたおれたりしています。それにかわって、新《あたら》しい木《き》が芽生《めば》えてきます。キツツキのえさであるアリやカミキリムシなどの昆虫《こんちゅう》は、こうしたかれ木《き》や倒木《とうぼく》に巣《す》をつくったり、卵《たまご》をうみつけたりします。それらの昆虫《こんちゅう》を食《た》べて生《い》きているキツツキは、かれ木《き》や倒木《とうぼく》の少《すく》ない人工林《じんこうりん》には、すみつく

↑数年《すうねん》もすると，木《き》は自力《じりき》であなをふさぎ，元気《げんき》に成長《せいちょう》をつづけます。

↑クマゲラが，えさをとるためにほった新《あたら》しいあな。

ことができなくなってしまいます。

対馬《つしま》のキタタキ、北海道《ほっかいどう》のクマゲラ、沖縄《おきなわ》のノグチゲラなどは、自然林《しぜんりん》が切《き》りたおされてしまったため、現在《げんざい》では絶滅《ぜつめつ》したり、数《かず》がめっきりへってしまったキツツキの例《れい》です。

また、以前《いぜん》は、キツツキが木《き》に大《おお》きなあなをあけるので、木《き》がかれるのだと考《かんが》えられていました。

しかし、キツツキをよく観察《かんさつ》していると、キツツキが大《おお》きなあなをあける木《き》は、人間《にんげん》には健康《けんこう》そうにみえても、実際《じっさい》は、昆虫《こんちゅう》に幹《みき》の内部《ないぶ》を食《く》いあらされはじめている木《き》ばかりなのです。そうした木《き》から昆虫《こんちゅう》をとりだして食《た》べてしまうので、木《き》は昆虫《こんちゅう》の害《がい》からすくわれます。キツツキは、森《もり》の木《き》にとっては、お医者《いしゃ》さんというわけです。

森《もり》の中《なか》では、木《き》や昆虫《こんちゅう》や鳥《とり》たちが、おたがいに深《ふか》くむすびついて生《い》きています。そのため、自然《しぜん》林《りん》の木《き》をすべて切《き》りたおさずに、ところどころ木《き》をのこしながら植林《しょくりん》する方法《ほうほう》が試《こころ》みられています。

＊キツツキの観察《かんさつ》

⬆キツツキのあけたえさをとるためのあな。

⬆地面《じめん》の下草《したくさ》の上《うえ》におちた巣《す》あなほりの木《き》くず。

⬆木《き》の幹《みき》につくられたキツツキの巣《す》あな。

キツツキは、日本全国《にっぽんぜんこく》の森《もり》や林《はやし》には、たいていすんでいます。ただし、森《もり》や林《はやし》といっても、スギやヒノキだけがきちんと植《う》えられたような場所《ばしょ》にはすんでいません。

キツツキは、同《おな》じ森《もり》に一年中《ねんじゅう》すんでいますが、木《き》の葉《は》がおち、森《もり》の見《み》とおしがよくなる秋《あき》から早春《そうしゅん》にかけてが、もっとも観察《かんさつ》しやすい時期《じき》です。この時期《じき》は、えささがしのために、かれ木《き》をコツコツつつく音《おと》がてがかりになります。また、春《はる》になると、ドラミングの音《おと》やめすをよぶ鳴《な》き声《ごえ》で、キツツキをみつけることができます。

つぎに、木《き》にキツツキのあけたあながないか、または、あなをあけたときにできた木《き》くずがおちていないかをしらべてみましょう。アリのすんでいる古株《ふるかぶ》をみつけたら、キツツキがつついたあとがあるかどうかしらべてみるのもよいでしょう。

森《もり》でキツツキをみつけたら、木《き》にとまっているときのしぐさやえさのとり方《かた》、飛《と》び方《かた》、さらには、巣作《すづく》りのようすなども観察《かんさつ》してみましょう。

● 鳴《な》き声《ごえ》や音《おと》に気《き》をつけよう

巣《す》あなほりやえささがしのために，くちばしで木《き》をつつく音《おと》。

はんしょく期《き》に，こずえで，おすとめすがよびあう鳴《な》き声《ごえ》。

はんしょく期《き》に，かれ木《き》をくちばしでたたいてだすドラミングの音《おと》。

● 飛《と》び方《かた》

キツツキは，はげしくつばさを動《うご》かしたあと，しばらくかっ空《くう》し，また，つばさを動《うご》かしてすすみます。そのため，波形《なみがた》をえがいて飛《と》んでいるようにみえます。

● とまり方《かた》

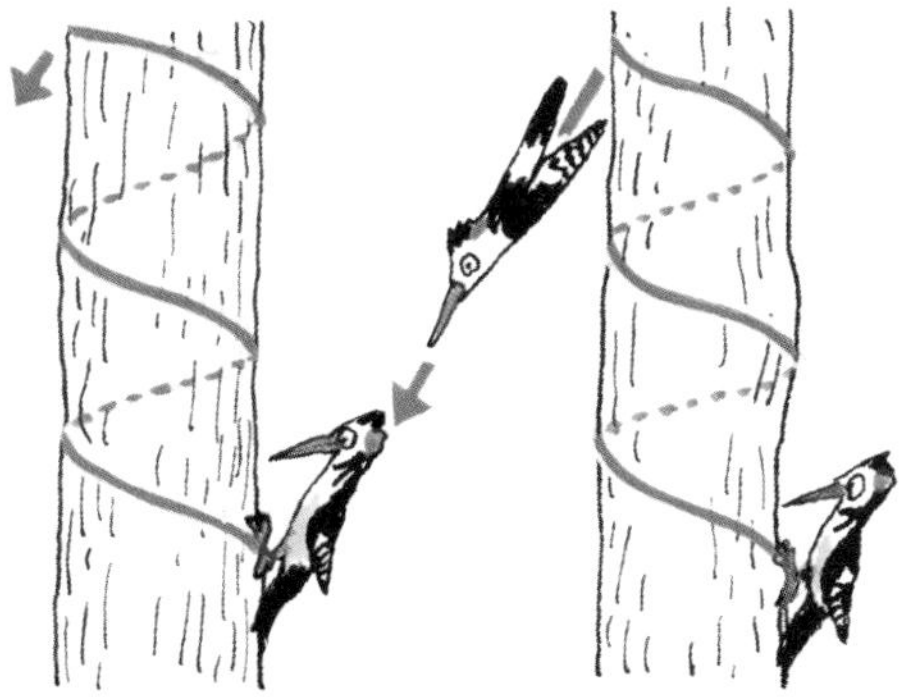

えさをさがしながら，木《き》の幹《みき》を下《した》から上《うえ》へとのぼり，また，つぎの木《き》にとびうつります。

キツツキは，木《き》の幹《みき》や枝《えだ》に，垂直《すいちょく》にとまることができます。

あとがき

ぼくが小《ちい》さいころ、田舎《いなか》の森《もり》は大《おお》きな森《もり》でした。近所《きんじょ》の子《こ》どもたちといっしょに、森《もり》の中《なか》で、よく夕《ゆう》ぐれまで遊《あそ》びました。森《もり》には、時《とき》どききれいな鳥《とり》が飛《と》んできては、枯《か》れ木《き》をつついていました。近《ちか》づくと幹《みき》の裏側《うらがわ》にまわって顔《かお》だけ出《だ》し、そのおどけた姿《すがた》がとても印象的《いんしょうてき》で心《こころ》にのこっていました。その鳥《とり》がキツツキだと知《し》ったのは、だいぶたってからです。

北海道《ほっかいどう》の森《もり》には、種類《しゅるい》のちがったキツツキが多《おお》くすんでいます。まっ黒《くろ》なクマゲラが幹《みき》にあなをあけ、えさをとる姿《すがた》には、生命《せいめい》の力強《ちからづよ》さをおぼえます。真《ま》冬《ふゆ》の森《もり》で、雪《ゆき》まみれになってえさをとるアカゲラには、応援《おうえん》したくなります。

しかし、長《なが》い撮影期間中《さつえいきかんちゅう》に森《もり》の姿《すがた》は変《か》わりました。キツツキたちは、追《お》われるように飛《と》び去《さ》り、あとには不自然《ふしぜん》な切《き》り株《かぶ》が、夕映《ゆうば》えの雪面《せつめん》に浮《う》きでていました。再《ふたた》び、昆虫《こんちゅう》や小鳥《ことり》たちが帰《かえ》ってくるには幾百年《いくひゃくねん》かかることでしょう。

撮影《さつえい》が終《お》わって、久《ひさ》しぶりに帰《かえ》った田舎《いなか》の森《もり》は小《ちい》さく思《おも》えました。闇《やみ》の中《なか》で、フクロウの鳴《な》き声《ごえ》を聞《き》いたとき、それが、まるで〝思《おも》い出劇場《でげきじょう》〟のベルのように、キツツキと出会《であ》った日《ひ》びがなつかしくよみがえってきました。

この本《ほん》は、多《おお》くの方《かた》がたのご協力《きょうりょく》によってできました。北国《きたぐに》の動物《どうぶつ》の生態《せいたい》についてご教示《きょうじ》下《くだ》さった東京大学演習林《とうきょうだいがくえんしゅうりん》、森林動物研究室《しんりんどうぶつけんきゅうしつ》の有澤浩《ありさわひろし》先生《せんせい》、編集《へんしゅう》をてつだって下《くだ》さった山下宜信《やましたよしのぶ》さんにお礼《れい》を申《もう》し上《あ》げます。

右高英臣《みぎたかひでおみ》

（一九八二年四月）

NDC488

右高英臣
科学のアルバム　動物・鳥 12
キツツキの森

あかね書房 2021
54P　23×19cm

科学のアルバム
キツツキの森

一九八二年四月初版
二〇〇五年 四 月新装版第一刷
二〇二一年一〇月新装版第一一刷

著者　右高英臣
発行者　岡本光晴
発行所　株式会社 あかね書房
〒一〇一－〇〇六五
東京都千代田区西神田三－二－一
電話〇三－三二六三－〇六四一（代表）
http://www.akaneshobo.co.jp
印刷所　株式会社 精興社
写植所　株式会社 田下フォト・タイプ
製本所　株式会社 難波製本

ISBN978-4-251-03375-8
定価は裏表紙に表示してあります。
落丁本・乱丁本はおとりかえいたします。

○**表紙写真**

・ひなにえさをあたえるアカゲラのおす親《おや》

○**裏表紙写真**（上から）

・くちばしでかれ木《き》をはげしくつつくオオアカゲラの幼鳥《ようちょう》
・ひなにえさをあたえるコゲラの親《おや》
・えさをさがすアカゲラ

○**扉写真**

・飛《と》び立《た》つクマゲラ

○**もくじ写真**

・飛《と》んでいるクマゲラ

科学のアルバム

全国学校図書館協議会選定図書・基本図書
サンケイ児童出版文化賞大賞受賞

虫

- モンシロチョウ
- アリの世界
- カブトムシ
- アカトンボの一生
- セミの一生
- アゲハチョウ
- ミツバチのふしぎ
- トノサマバッタ
- クモのひみつ
- カマキリのかんさつ
- 鳴く虫の世界
- カイコ まゆからまゆまで
- テントウムシ
- クワガタムシ
- ホタル 光のひみつ
- 高山チョウのくらし
- 昆虫のふしぎ 色と形のひみつ
- ギフチョウ
- 水生昆虫のひみつ

植物

- アサガオ たねからたねまで
- 食虫植物のひみつ
- ヒマワリのかんさつ
- イネの一生
- 高山植物の一年
- サクラの一年
- ヘチマのかんさつ
- サボテンのふしぎ
- キノコの世界
- たねのゆくえ
- コケの世界
- ジャガイモ
- 植物は動いている
- 水草のひみつ
- 紅葉のふしぎ
- ムギの一生
- ドングリ
- 花の色のふしぎ

動物・鳥

- カエルのたんじょう
- カニのくらし
- ツバメのくらし
- サンゴ礁の世界
- たまごのひみつ
- カタツムリ
- モリアオガエル
- フクロウ
- シカのくらし
- カラスのくらし
- ヘビとトカゲ
- キツツキの森
- 森のキタキツネ
- サケのたんじょう
- コウモリ
- ハヤブサの四季
- カメのくらし
- メダカのくらし
- ヤマネのくらし
- ヤドカリ

天文・地学

- 月をみよう
- 雲と天気
- 星の一生
- きょうりゅう
- 太陽のふしぎ
- 星座をさがそう
- 惑星をみよう
- しょうにゅうどう探検
- 雪の一生
- 火山は生きている
- 水 めぐる水のひみつ
- 塩 海からきた宝石
- 氷の世界
- 鉱物 地底からのたより
- 砂漠の世界
- 流れ星・隕石